海洋怪物小百科
科普馆

超级海怪大冒险
STRANGE & WONDERFUL FISH

[英] 盖里·麦考尔 著

糖朵朵 译

SCIENCE MUSEUM

ENCYCLOPEDIA OF SEA MONSTERS

SPM
南方出版传媒
广东教育出版社
·广州·

图书在版编目（CIP）数据

超级海怪大冒险 /（英）盖里·麦考尔著；糖朵朵译 . — 广州：广东经济出版社，2020.3
ISBN 978-7-5454-7192-2

Ⅰ.①超⋯ Ⅱ.①盖⋯ ②糖⋯ Ⅲ.①海洋—鱼类—儿童读物 Ⅳ.①Q959.4-49

中国版本图书馆 CIP 数据核字（2020）第 026509 号

版权登记号：19-2019-213

责任编辑：张晶晶　陈　晔　刘梦瑶
责任技编：陆俊帆
责任校对：陈运苗
封面设计：朱晓艳
特约插画：陈　羽

超级海怪大冒险
CHAOJI HAIGUAI DAMAOXIAN

出版人	李　鹏
出版发行	广东经济出版社（广州市环市东路水荫路 11 号 11 ~ 12 楼）
经销	全国新华书店
印刷	北京佳明伟业印务有限公司
	（北京市通州区宋庄镇小堡村委会西北 500 米）
开本	889 毫米 × 1194 毫米　1/16
印张	2
字数	4 千字
版次	2020 年 3 月第 1 版
印次	2020 年 3 月第 1 次
书号	ISBN 978-7-5454-7192-2
定价	40.00 元

广东经济出版社官方网址：http://www.gebook.com 微博：http://e.weibo.com/gebook
图书营销中心地址：广州市环市东路水荫路 11 号 11 楼
电话：（020）87393830　邮政编码：510075
如发现印装质量问题，影响阅读，请与承印厂联系调换。

广东经济出版社常年法律顾问：胡志海律师

目 录
Contents

大 陆 的 世 界

欧洲

北美洲

亚洲

非洲

南美洲

大洋洲

南极洲

地球上有七大洲——北美洲、南美洲、欧洲、非洲、亚洲、大洋洲和南极洲。在这本书里，每讲到一种动物，都会用蓝色显示它们居住的地方，其余地方则用绿色显示。

这里有一份《海底报告》，它汇集了书中13种海洋动物的资料。有了这份报告，孩子们可以轻松建立海洋知识框架，家长们可以随时来一场亲子互动问答！

扫描二维码，即可免费领取《海底报告》一份！

二维码里面还藏着小惊喜，等着你们来开启哦！

海葵

海葵是个大懒虫，它不怎么动，有时只是身体下方稍微挪动一丁点儿距离。

海葵的身体可扮演非常多的重要角色，如：胃、肺、肠和子宫。

海葵的触须上有刺细胞。这些刺细胞可以释放毒素。

海葵要想吃上东西，得靠它的触须把猎物引过来。

有一些海葵住在海底深处。它们的触须很漂亮，有着鲜艳的颜色，看上去绚丽极了。但是上面却有刺！它们摆动着触须，凭借明亮的颜色把鱼儿们吸引过来。

1 这条鱼碰到了海葵那一直漂来漂去的触须。于是，海葵身上细细的刺针扎进了鱼儿的皮肤。然后，刺针往伤口里射入几滴毒液，那些毒液让鱼儿失去了知觉。

2 海葵用自己的触须，慢慢地把那条已经毫无反抗能力的鱼儿拉进嘴里。它那个大身体是有弹性的，一下就把鱼儿吞了下去。

3 海葵体内的消化液把鱼肉都消化掉了。然后，它把那些自己不能吃的东西吐了出来，比如鱼骨头和鱼头。

尺寸

你知道吗?

拳击蟹有时会用海葵来保护自己。当遇到危险的时候，拳击蟹就会用它全部的爪子抓起一只满身是刺的海葵，使劲地摇来摇去，吓跑敌人。

它们在哪儿?

在世界各地，起码有超过1000种的海葵。它们住在海底浅滩的礁石上，或者在海洋最深的地方，要问有多深，有时可能是1万米那么深哦。

青蛙鱼

青蛙鱼的皮肤不光滑，坑坑洼洼的，上面长着一些斑点、条纹，还有一些须状的东西。这样一来，它就能跟身边的植物或珊瑚看上去一样了。多好的伪装呀！

青蛙鱼的头上长了一个"钓竿儿"一样的东西，它就是用这个东西来吸引猎物的。"钓竿儿"上的"诱饵"可以模仿海底其他一些小动物的动作。

青蛙鱼用自己的胸鳍和腹鳍，可以在海底短距离移动。

青蛙鱼没有牙齿，一颗都没有。因为它吃东西不用牙，而是整个吞下！

当青蛙鱼遇见个头特别大的猎物时，它的嘴巴可以张得很大很大，能达到平常的12倍。

1 一条青蛙鱼躲在岩石和珊瑚中间，它摆动着头上那个"诱饵"来吸引鱼儿。"诱饵"看上去就像从它头上那个长长的"钓竿儿"上长出的小芽。

2 看，有条鱼儿上当啦。它把青蛙鱼当成了礁石的一部分，然后朝着"诱饵"游了过去。那"诱饵"看上去可真像一只轻松就能吃下肚的虫子或小虾。

3 突然，青蛙鱼进攻了！它的大嘴一下就把鱼儿吸了进去。

尺寸

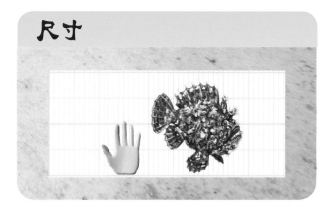

你知道吗？

要是青蛙鱼头上那个"诱饵"不小心被其他动物吃掉了怎么办？没关系，它还会再长出来一个。否则，它就吃不到食物了。

青蛙鱼也可以通过改变身体的颜色来掩藏自己，不让别的动物发现。就像变色龙那样。

它们在哪儿？

青蛙鱼通常住在那些水面很平静、食物很丰富的海湾或咸水湖里。大部分的青蛙鱼喜欢的温度在20摄氏度左右，这是让它们感觉最舒服的温度。

5

刺猬鱼

刺猬鱼的鳍特别小。这些鳍是为了帮助它能够慢慢地、稳稳地移动身体的，而不是为了让它游得飞快。

刺猬鱼的牙齿是长在一起的，整整一大块。这让它的嘴就像鸟嘴一样，能够"啪"的一下，撬开贝类的壳。

刺猬鱼的每一根刺都能长到5厘米那么长。

只有当刺猬鱼"嘭"的一下膨胀起来变成一个球形的时候，身上那些针一样的刺才会竖起来。

刺猬鱼在慢慢游动的时候，看上去就像一只小绵羊一样，好像完全没有危险。但是，它是会保护自己的。要是它感觉自己受到威胁的话，就会把自己变成一个带刺的大球！

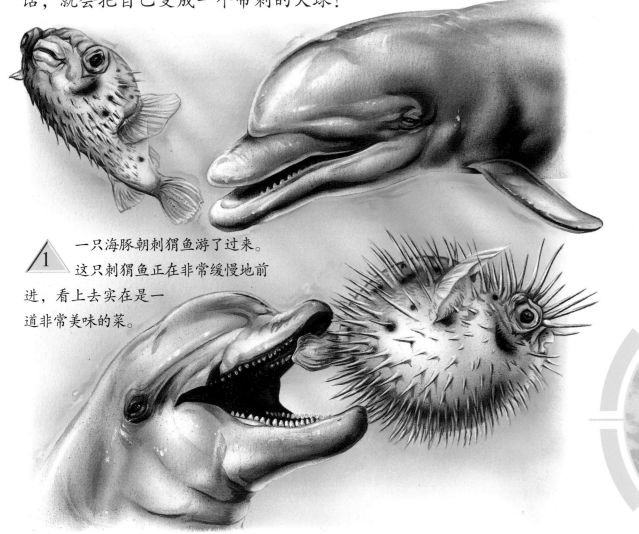

△1 一只海豚朝刺猬鱼游了过来。这只刺猬鱼正在非常缓慢地前进，看上去实在是一道非常美味的菜。

△2 海豚离刺猬鱼很近了！就在刺猬鱼快要被抓住的时候，它突然大口地呼吸，然后把自己鼓成一个大刺球。海豚一看，马上决定到别的地方去找吃的，因为它知道，那些刺一定会把自己的喉咙扎破的！

尺寸

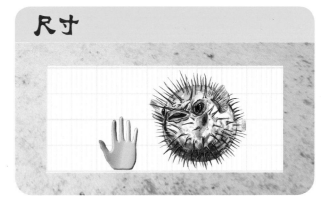

你知道吗？

晚上，刺猬鱼会在海底游来游去。它在寻找躲在沙子下面的猎物，如果被发现的话，就会"噗"的一下像喷气式飞机一样动起来。

它们在哪儿？

刺猬鱼的足迹遍布全球，它们喜欢在靠近礁石或者海草床旁边温暖的地方生活。它们通常住在不到15米深的浅水区的洞穴里。

海胆

海胆身体外面那层骨头一样的东西，叫作"硬壳"。它是由成百上千的骨板组成的。

海胆身上的刺用处可多了，可以用来帮助自己移动，或者隐藏自己，还能保护自己。

在硬壳的下面，长着海胆的嘴巴，还有5块齿状板。

海胆的管足上长着吸盘，这样它才能吸附在那些小小的石头上。

海胆喜欢在那些浅滩的石头堆的海藻里寻找食物，这对游泳者来说太危险了！如果游泳者不小心踩到了海胆，海胆的刺就会刺穿游泳者的脚，而那些刺里可有毒哦！

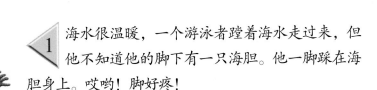

1 海水很温暖，一个游泳者蹚着海水走过来，但他不知道他的脚下有一只海胆。他一脚踩在海胆身上。哎哟！脚好疼！

2 他的朋友赶紧跑过来帮他。但是，海胆的那些刺，上面还有小钩子一样的东西，它们折断在伤口里，然后释放出毒液来。就算这位好心的朋友能够把那些刺全都拔出来，让它们没办法继续使坏，但这位游泳者也得拖着那受伤的脚，跛上好些天。

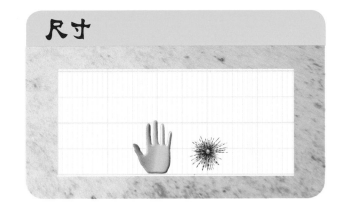

尺寸

你知道吗？

海胆是海獭最喜欢的食物。海獭可以把满身是刺的海胆那坚硬的壳打开，但它是怎么做到的呢？原来，它就是不停地把海胆往石头上使劲地敲。

它们在哪儿？

海胆住在海底，在浅水区或者深海海底都有它们的踪迹。1951年，在印度尼西亚的海域发现了一只海胆，竟在距离海平面7250米的海底！

吞噬鳗

吞噬鳗的尾巴末端可以发出微弱的淡红色光芒，这个光芒可以吸引猎物靠近。它为什么会发光呢？因为它身体里有种化学物质，就是这种化学物质让它发光的。

吞噬鳗的嘴巴很大，占去了它身体四分之一的长度。

吞噬鳗有一个长长的胃，它的胃可以拉长，这样它才能吞下那些大块头的猎物。

游泳的时候，吞噬鳗的大嘴巴会把水吸进去，然后，它的鳃会把水再放出来。

吞噬鳗游泳的时候，会把它的血盆大口张开，所以，它游过的地方，很多东西都会被它吞掉，比如，鱼、小虾，还有浮游生物。

1. 吞噬鳗的尾巴末端在发光，一条鱼儿看见了，决定游近一点，看看那到底是什么。

2. 那条鱼儿不知道，靠近吞噬鳗的大嘴可是非常危险的！只见吞噬鳗突然就把鱼儿吸进了嘴里，鱼儿根本没有逃跑的机会。

尺寸

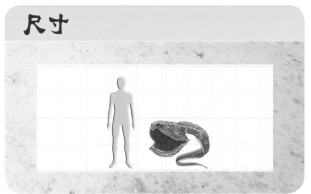

你知道吗？

吞噬鳗住在大海的最深处。它们不能游到海面上来，因为水压的改变会要了它们的命。

它们在哪儿？

吞噬鳗的身影遍布全世界，它们住在大海里又冷又黑的地方，距离海面1000~3000米。吞噬鳗一辈子都不可能看见阳光。

11

海马

海马头上有个"王冠"，每一种海马王冠的颜色和形状都不一样。

海马的尾巴是卷起来的，它能用尾巴抓住珊瑚、枝条，还有海草。

海马的两只眼睛可以分别转动，这样它就能同时看向两个不同的方向。

海马会通过它这个没有牙齿的、长得像根管子一样的嘴巴，把小虾和浮游生物吸进去。

雄性海马和雌性海马都会有一个搭档。这一对搭档会在每个清晨，用舞蹈来问候对方。当它们约会的时候，会花好几个小时来举行一个仪式。

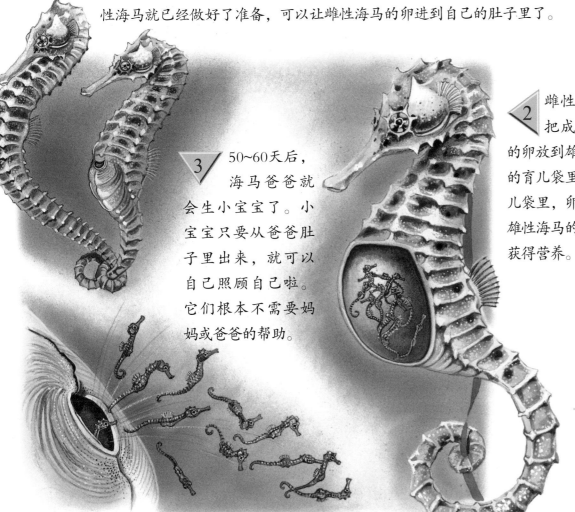

1 在关系还没有确定之前，雄性海马和雌性海马会在对方身边跳舞。它们会改变身体的颜色，还会把尾巴缠在一起。当它们一起游泳的时候，雄性海马就已经做好了准备，可以让雌性海马的卵进到自己的肚子里了。

2 雌性海马会把成百上千的卵放到雄性海马的育儿袋里。在育儿袋里，卵子会从雄性海马的血液里获得营养。

3 50~60天后，海马爸爸就会生小宝宝了。小宝宝只要从爸爸肚子里出来，就可以自己照顾自己啦。它们根本不需要妈妈或爸爸的帮助。

尺寸

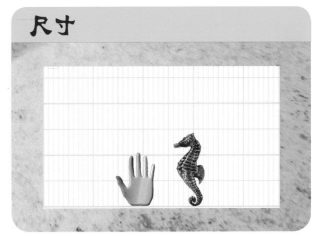

你知道吗？

雄性海马是唯一一种可以怀孕、生宝宝的雄性动物。

有时候，雄性海马早上生完宝宝，当天晚上就又能再次怀上宝宝。

它们在哪儿？

海马住在温暖舒适的沿岸水域。它们喜欢珊瑚、海湾、海草床，还有红树林。如果有持续不断的污染，那么就会对海马构成威胁。

13

腔棘鱼

腔棘鱼的眼睛很大，里面长着一种反射细胞，这些细胞可以帮助它在晚上看得更清楚。

腔棘鱼坚硬的、像铠甲一样的鱼鳞，还带着小刺，这可以保护它，让它避开敌人的伤害。

当腔棘鱼在追赶猎物的时候，它那扁平又有劲儿的大尾巴，可以让它游得飞快。

每一条腔棘鱼的鱼鳞上都有着独一无二的白色的像污点一样的图案。

地球上第一次出现腔棘鱼，是在4亿年前，比恐龙出现的时间还早得多。现在的腔棘鱼跟它最早的祖先长得几乎一样。

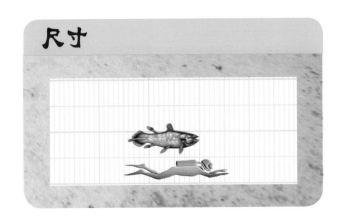

1 腔棘鱼没有脊柱，但它有脊索，脊索替代了脊柱。这个柔软的，有着厚厚管壁的管道，里面有油。

2 有一个关节把腔棘鱼的下巴和脑袋连接起来，这样它就能把嘴张得非常大，可以把猎物整个吞下。

你知道吗？

在腔棘鱼的鼻腔部位，有一个果冻一样的洞。它用这个洞来侦察其他鱼儿发出的微弱的电波信号。

它们在哪儿？

在很长一段时间里，人们都以为腔棘鱼已经灭绝了。1938年，科学家们在南非周边的海面上发现了活着的腔棘鱼。印度尼西亚的渔夫也抓到过腔棘鱼。

3 腔棘鱼用胸鳍来保持身体的平衡。它的胸鳍里有骨头，这些骨头让它的胸鳍变得更强壮。

4 腔棘鱼的胸鳍动起来就像船桨。这些鳍可以让它头朝下尾巴朝上地待上好一会儿。

15

魔鬼鱼

魔鬼鱼的胸鳍在水中搅动起一阵阵波浪，这些波浪推动着它在水中穿行。

当魔鬼鱼拍打着它那像翅膀一样的胸鳍时，它游泳的速度可是非常惊人的。

魔鬼鱼的嘴里有5套鳃，这样它就能网住水里的浮游生物，统统不放过。

魔鬼鱼的头上有两个叶瓣一样的头鳍，可以把满是浮游生物的水都往自己那张开的嘴里铲。

魔鬼鱼掀起巨浪的场面非常吓人。它们会飞跃起来，把自己背上的东西抖掉，或是从敌人的嘴里逃脱。

1 看，一只巨型魔鬼鱼冲出水面，它靠近一艘小船，那船可算是遇上危险了。这条重1360千克的魔鬼鱼，跃到水面上方2米处。幸好，它没有撞到那艘船。

2 当它的身体重新冲进水里时，水花四溅，发出了震耳欲聋的声音。那个划船的人全身湿透了，他紧紧地抓住摇来晃去的船，祈祷船千万不要翻啊！

尺寸

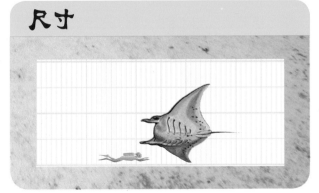

你知道吗？

魔鬼鱼身体里经常会长寄生虫。隆头鱼会帮助它吃掉身上的寄生虫。

魔鬼鱼实在太大了，所以，它唯一的敌人，可能只有虎鲨了。

它们在哪儿？

魔鬼鱼住在温度适中的亚热带和热带水域。海洋里处处都有它们的身影，但它们却经常是在靠近海岸的地方寻找食物。

盲鳗

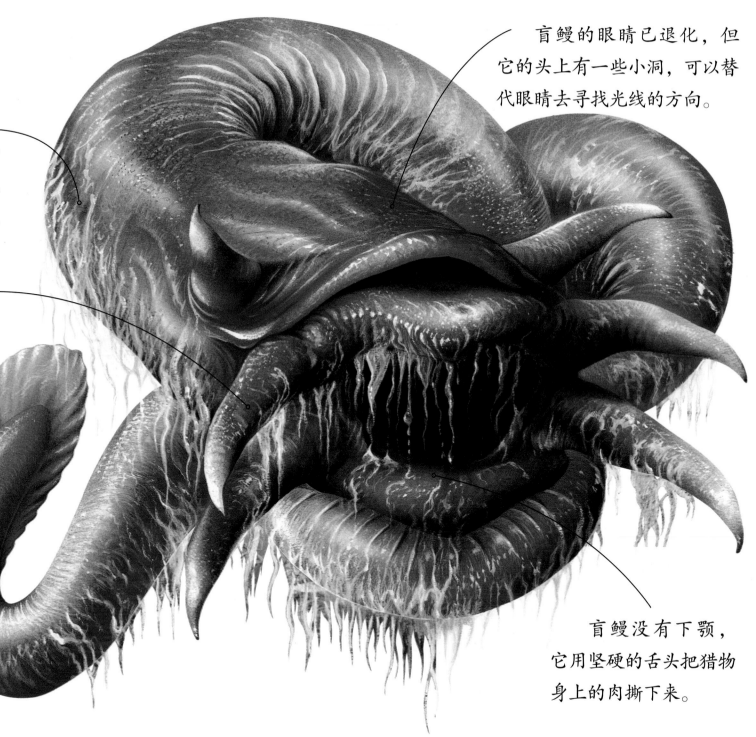

盲鳗的身体上长着一些腺体，这些腺体能制造黏液。这些黏液里有小纤维，会保护它。

盲鳗的鼻孔和触须非常灵敏，所以它的嗅觉和触觉都很好。盲鳗就是靠它们来寻找食物、保护自身和攻击敌害的。

盲鳗的眼睛已退化，但它的头上有一些小洞，可以替代眼睛去寻找光线的方向。

盲鳗没有下颚，它用坚硬的舌头把猎物身上的肉撕下来。

如果受到惊吓，或者遇到危险，盲鳗就会分泌出厚厚的黏液保护自己。这个滑溜溜的家伙也会用它的黏液去捕捉食物。

1 盲鳗用黏液，把鱼儿的鳃给堵住，鱼儿被闷得喘不过气来。于是，盲鳗就有了一顿非常容易入口的美味了。盲鳗把自己打成一个结，准备钻进鱼儿的身体里。

2 盲鳗张开大嘴，贴在鱼身上，然后用舌头把鱼肉刮下来。

3 盲鳗完全钻进了鱼儿的身体里，从里面吃到外面。等它彻底吃饱的时候，鱼儿就只剩下一堆皮和骨头了。

尺寸

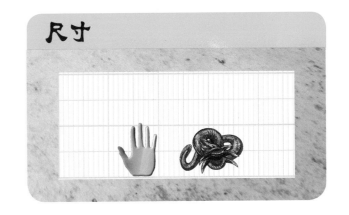

你知道吗？

盲鳗可以通过打喷嚏，把鼻孔里的黏液清理干净。它还可以把身体打成一个结，然后"哧溜"一下，那个结往下滑，身体变回原来的长度，它用这个方法来清理身体多余的黏液。

它们在哪儿？

成群结队的盲鳗，喜欢钻到海底的泥堆里。在大西洋、太平洋和印度洋较为凉爽的海域，可以发现它们的身影。

叶海龙

叶海龙身上长着像盔甲一样、一块块连接起来的骨质板，这样它的身体和里面的器官就可以得到保护了。

叶海龙身上有一部分是伸出身体以外的附肢，看上去就像叶瓣。看起来像棵植物是有好处的，这让叶海龙可以很好地藏在海藻中间不被发现。

叶海龙跟它的亲戚海马不一样，它的尾巴可不是卷起来的。

它没有牙齿，嘴像吸管一样吸入小虾和浮游生物，把它们当作美食。

叶海龙会轻轻地做摇摆动作来改变身体的姿势，这看上去就跟它身边围绕着的海藻一样，所以当它遇见敌人时就能很好地隐藏自己了。

1. 雌性叶海龙会在雄性叶海龙的尾巴下面，一个叫作"育婴囊"的地方，产下150～200个卵。育婴囊是由那些看上去像小杯子一样的洞组成的，这些洞就是用来放那些卵的。那些卵吸取雄性叶海龙的血而生长起来。

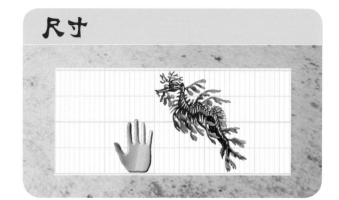

尺寸

你知道吗？

叶海龙会用自己那长得像船桨一样的背鳍，在水里缓慢地移动。当用这样的方式移动的时候，它看上去就像一片漂浮的海藻。

2. 两个月后，小宝宝们出生了。当它们出生的时候，就必须要学会自己照顾自己了，它们再不能从爸爸或妈妈那里得到帮助。而小叶海龙长成大叶海龙，需要两年的时间。

它们在哪儿？

发现叶海龙的地方，在澳大利亚的南部及西部海域海平面下6～50米处，它们喜欢藏在海藻和海草堆中间。

锯鳐

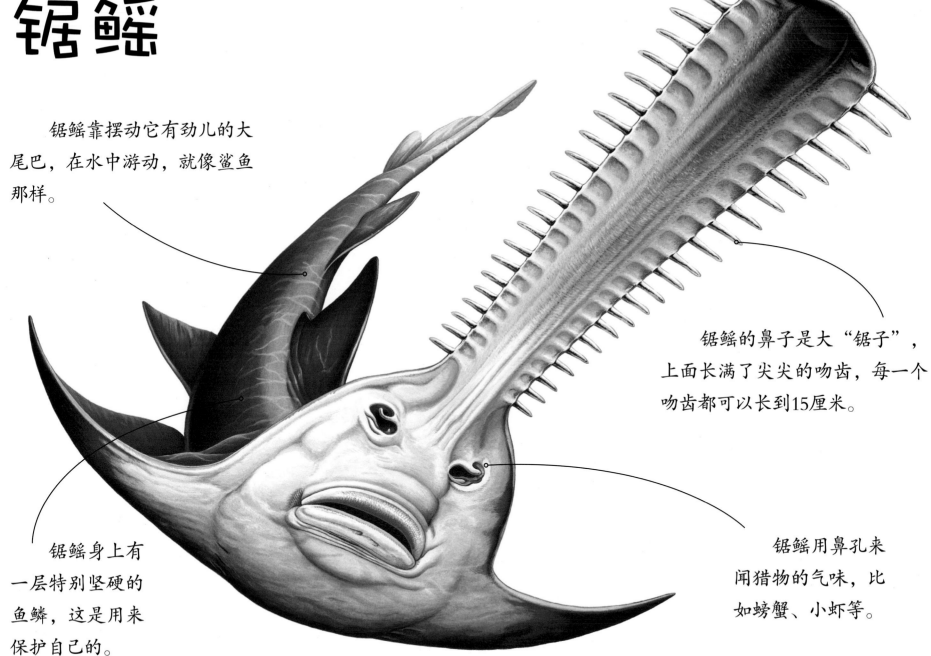

锯鳐靠摆动它有劲儿的大尾巴，在水中游动，就像鲨鱼那样。

锯鳐的鼻子是大"锯子"，上面长满了尖尖的吻齿，每一个吻齿都可以长到15厘米。

锯鳐身上有一层特别坚硬的鱼鳞，这是用来保护自己的。

锯鳐用鼻孔来闻猎物的气味，比如螃蟹、小虾等。

锯鳐那个锯齿形状的鼻子可是个非常危险的武器。

1 锯鳐那锯子一样的大鼻子被渔网网住了。只见它把鼻子摆来摆去，割破了渔网，准备逃跑。

2 渔夫赶紧收网，但是，当锯鳐离船越来越近的时候，它用那尖尖的锯齿，朝渔夫的腿砍了下去。受到惊吓的渔夫赶紧松开了锯鳐。

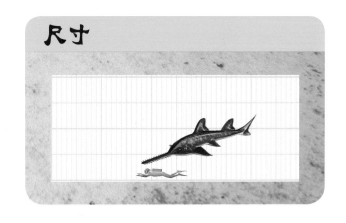

尺寸

你知道吗？

锯鳐不是从卵里孵化出来的，而是生出来就是锯鳐宝宝的样子。锯鳐在出生以前没有外露的锯齿，锯齿在出生之后才长出来，这样它在出生时就不会伤到妈妈了。

它们在哪儿？

锯鳐住在热带和亚热带海岸的浅滩。锯鳐很喜欢环礁湖、河口，还有海湾这些地方的沙质海底，在这里，它们可以一整天都把自己埋在沙子里。

狮子鱼

狮子鱼的背鳍上有刺，这些刺可以朝猎物身体里注入让人失去知觉的毒液。

狮子鱼的胸鳍会把那些小个子的鱼送进自己的嘴里。

狮子鱼能把鱼、甲壳类动物整个吞下，因为它的嘴很大。

当狮子鱼在浅礁的海草和珊瑚里游来游去的时候，它身上的斑马条纹可以帮助掩藏自己。

狮子鱼可有耐心了，它能一直静静地在水里漂着，等着食物靠近自己。它身上那些色彩丰富的斑纹，能够吓跑敌人，还能让猎物认不出自己。

1 一条小鱼没有看见狮子鱼在那里，等它发现的时候，已经晚了。狮子鱼张开它那巨大的胸鳍，把小鱼逼进了礁石里。

2 小鱼试着从狮子鱼张大的鳍间越过去。但狮子鱼张开了它的大嘴，迅速地吸进了一大口水，小鱼跟着水进了狮子鱼的嘴里。

尺寸

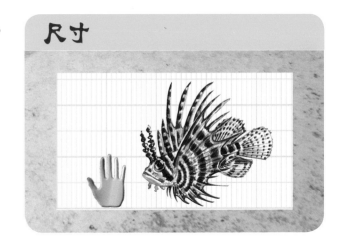

你知道吗？

狮子鱼可以长到38厘米，它的胸鳍能长到76厘米。

晚上，狮子鱼会从它们躲藏的地方出来，寻找食物。

它们在哪儿？

狮子鱼住在印度洋和大西洋的礁石和沿海浅滩上。现在它们也开始出现在大西洋到美国东海岸更为凉爽的水域里。

25

蝎子鱼

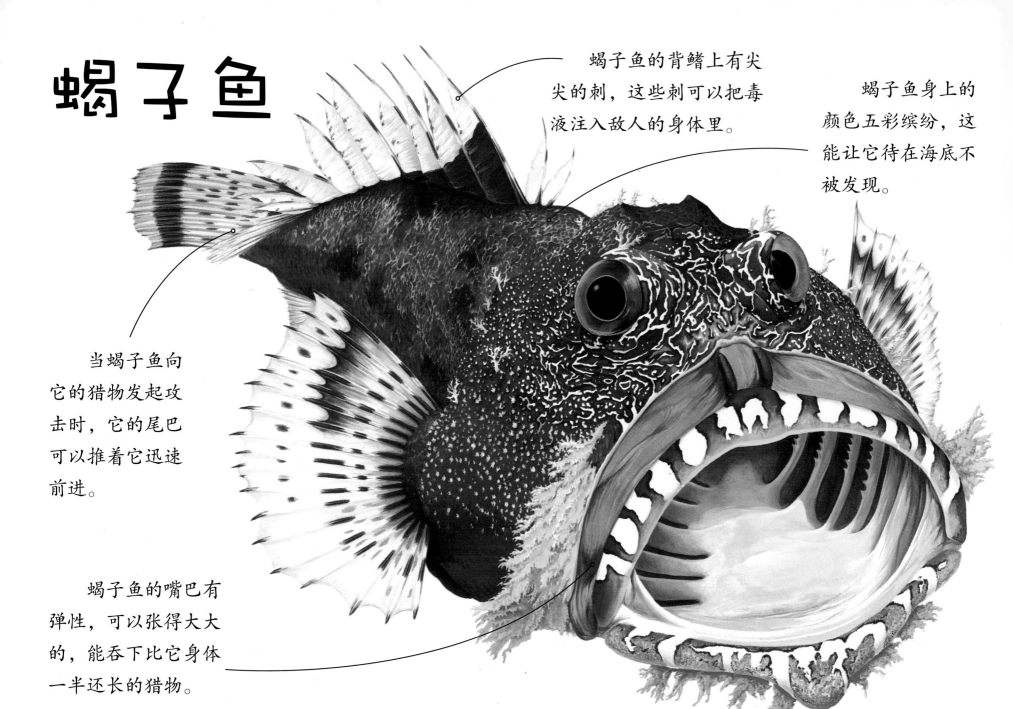

蝎子鱼的背鳍上有尖尖的刺，这些刺可以把毒液注入敌人的身体里。

蝎子鱼身上的颜色五彩缤纷，这能让它待在海底不被发现。

当蝎子鱼向它的猎物发起攻击时，它的尾巴可以推着它迅速前进。

蝎子鱼的嘴巴有弹性，可以张得大大的，能吞下比它身体一半还长的猎物。

26